Ernst Probst

Die Ertebölle-Ellerbek-Kultur

Eine Kultur der Jungsteinzeit vor etwa 5.000 bis 4.300 v. Chr.

Allen Prähistorikern und Prähistorikerinnen gewidmet,
die mich bei meinen Büchern über die Steinzeit unterstützt haben

Impressum:
Die Erteboelle-Ellerbek-Kultur
1. Auflage als Print-Buch: Juni 2019
Autor: Ernst Probst
Im See 11, 55246 Mainz-Kostheim
Telefon: 06134/21152
E-Mail: ernst.probst (at) gmx.de
Herstellung: Amazon Distribution GmbH, Leipzig

ISBN: 978-1-074-54925-1

Ausgrabung am dänischen Fundort Ertebölle im Limfjord bei Aaalborg vor 1900.
Foto: Dansk National Museum, Kopenhagen (via Wikimedia Commons),
Lizenz: gemeinfrei (Public domain)

Spitzbodiges Tongefäß der Ertebölle-Ellerbek-Kultur vom Fundort Rüder-Moor in Schleswig-Holstein. Foto aus Carl Schuchhardt (1859–1943): „Deutsche Vor- und Frühgeschichte in Bildern" (1936)

Vorwort

Eine Kultur, die mittelsteinzeitliche Relikte und neue jungsteinzeitliche Elemente vereinte, steht im Mittelpunkt des Taschenbuches „Die Ertebölle-Ellerbek-Kultur" des Wiesbadener Wissenschaftsautors Ernst Probst. Diese nach einem dänischen und einem deutschen Fundort bezeichnete Kultur war zwischen etwa 5.000 und 4.300 v. Chr. in Schleswig-Holstein, Mecklenburg, im nördlichen Niedersachsen, in Dänemark und in Südschweden heimisch. Die Jagd, der Fischfang und das Sammeln spielten noch wie in der Mittelsteinzeit eine wichtige Rolle. Die Neuerungen Ackerbau und Viehzucht der Jungsteinzeit empfand man noch nicht als so wichtig wie bei gleichzeitigen bäuerlichen Kulturen. Aber Töpferei und Sesshaftigkeit, die ebenfalls Kennzeichen der Jungsteinzeit sind, gab es bereits. Frauen waren teilweise reich mit Zähnen vom Hirsch oder Wildschwein geschmückt. Funde von Einbäumen und Paddeln zeugen von zunehmender Schifffahrt auf der Ostsee. Über die Religion der Ertebölle-Ellerbek-Leute weiß man noch wenig. Ernst Probst hat 1991 das Buch „Deutschland in der Steinzeit" veröffentlicht. 2019 befasste er sich mit einzelnen Kulturen und Kulturstufen der Steinzeit.

Prähistoriker Hermann Schwabedissen (1911–1994).
Foto: Archäologisches Landesmuseum
der Christian-Albrechts-Universität zu Kiel,
Schloss Gottorf

Die Ertebölle-Ellerbek-Kultur

Im nördlichen Mitteleuropa begann die Jungsteinzeit merklich später als in den südlicher liegenden Gebieten, wo die ersten Bauern der Linienbandkeramischen Kultur schon um 5.500 v. Chr. eingewandert sind. Unter dem Einfluss der frühen Ackerbauern und Viehzüchter aus dem südlichen Mitteleuropa bildete sich im Norden die Ertebölle-Ellerbek-Kultur (etwa 5.000 bis 4.300 v. Chr.) heraus.

Laut dem Buch „Deutschland in der Steinzeit" (1991) des Wiesbadener Wissenschaftsautors Ernst Probst existierte die Ertebölle-Ellerbek-Kultur etwa von 5.000 bis 4.300 v. Chr. Im Online-Lexikon „Wikipedia" war von etwa 5.100 bis 4.100 v. Chr. die Rede. Die Ertebölle-Ellerbek-Kultur war in Schleswig-Holstein, Mecklenburg, im nördlichen Niedersachsen, in Dänemark und in Südschweden verbreitet und hat in Norddeutschland die mittelsteinzeitliche Oldesloer Gruppe (etwa 6.000–5.000 v. Chr.) abgelöst.

Die Ertebölle-Ellerbek-Kultur vereinte mittelsteinzeitliche Relikte und jungsteinzeitliche Kulturelemente. Diese Kultur wird nach einem Vorschlag des damals in Köln lebenden Prähistorikers Hermann Schwabedissen (1911–1994) aus dem Jahr 1972 nicht mehr der Mittelsteinzeit, sondern der sich anbahnenden Jungsteinzeit zugerechnet. Dafür verwendete er den Begriff Protoneolithikum. Ungeachtet dessen ordnet man heute in Dänemark diese Kultur weiterhin der Mittelsteinzeit zu.

Der Name Ertebölle-Ellerbek-Kultur wurde 1959 von Hermann Schwabedissen eingeführt. Älter sind die Bezeichnungen Ertebölle-Kultur, die 1900 von dem dänischen

Prähistoriker Gustav Schwantes (1881–1960).
Foto: Kakteenkunde 1936 (via Wikimedia Commons),
Lizenz: gemeinfrei (Public domain)

Prähistoriker Sophus Müller (1846–1954) aus Kopenhagen vorgeschlagen worden ist, und Ellerbek-Stufe, die 1925 von dem damals in Hamburg tätigen Prähistoriker Gustav Schwantes (1881–1960) geprägt wurde. Diese Bezeichnungen erinnern an die Fundorte Ertebölle im Limfjord bei Aaalborg in Dänemark und Kiel-Ellerbek auf dem Ostufer der Kieler Förde in Schleswig-Holstein.

Eine lokale Gruppe der Ertebölle-Ellerbek-Kultur auf der Ostseeinsel Rügen wird nach dem Fundort Lietzow als Lietzow-Kultur bezeichnet. Letzteren Begriff hat vermutlich 1925 erstmals der Prähistoriker Franz Klinghardt (1882–1956) aus Greifswald in den „Mitteilungen aus der Sammlung vaterländischer Altertümer der Universität Greifswald" verwendet.

In den linden- und teilweise erlenreichen Eichenmischwäldern aus dieser Zeit lebten unter anderem Braunbären, Auerochsen (Ure), Rothirsche, Rehe, Wildschweine, Luchse, Wölfe, Füchse, Wildkatzen und Marder. Robbenknochen aus der Husumer Gegend belegen das Vorkommen dieser Tierart in der Nordsee. In vielen Seen gab es Biber und Fischotter.

Zur Zeit der Ertebölle-Ellerbek-Kultur lag der Meeresspiegel der Ostsee etwa zwei bis drei Meter tiefer als heute. Deshalb waren damals etliche Gebiete vor Schleswig-Holstein, Mecklenburg und Dänemark, die heute von der Ostsee bedeckt werden, noch Festland. Dies und das spätere Absinken des Untergrundes sind die Ursachen dafür, dass zahlreiche Ufersiedlungen der Ertebölle-Ellerbek-Kultur jetzt im Meer versunken sind.

Die Menschen der Ertebölle-Ellerbek-Kultur stammten von mittelsteinzeitlichen Jägern, Fischern und Sammlern ab. Es handelte sich also um eine alteingesessene, bodenständige Bevölkerung, welche die neuen Kultureinflüsse aus dem südlichen Mitteleuropa übernahm. Dies erfolgte durch Kontakte mit Stichbandkeramikern (etwa 4.900–4.500 v. Chr.) und wohl besonders Rössener Leuten (etwa 4.600–4.300 v. Chr.), mit denen neben bestimmten Produkten auch Ideen ausgetauscht wurden.

Bisher sind aus Deutschland nur wenige Skelettreste von Ertebölle-Ellerbek-Leuten bekannt geworden. Dazu gehören vermutlich einige Skelette aus Groß Fredenwalde (Kreis Templin) in Mecklenburg, die früher der darauffolgenden Trichterbecher-Kultur (etwa 4.300–3.000 v. Chr.) zugeordnet wurden. In die Ertebölle-Ellerbek-Kultur datiert man auch den Schädelrest eines wenig über 30 Jahre alten kräftigen Mannes, der in etwa fünf Meter Tiefe unter dem heutigen Meeresspiegel vor der Küste der Ostseeinsel Rügen bei Drigge ausgebaggert wurde. Außerdem rechnet man Schädelreste einer erwachsenen Frau aus Ralswiek-Augustenhof (Kreis Rügen) zu dieser Kultur.

Weitere Ertebölle-Ellerbek-Menschen entdeckte man in Dänemark, wo 1975 in Vedbaek auf der Insel Seeland erstmals Skelettreste der Ertebölle-Ellerbek-Kultur gefunden wurden. Die Prähistoriker Svend Eric Albrethsen und Erik Brinch-Petersen stießen bei ihrer Ausgrabung in Vedbaek auf die Überreste von insgesamt 17 Menschen in rechteckigen oder ovalen Gruben. Das Grab einer Frau mit Kind enthielt 200 Zähne von Wildschweinen und Hirschen, Schneckengehäuser, rötlichen Ocker und den Flügel eines Schwans, auf dem das Kind lag.

Die bisher aus Dänemark bekannten Skelettfunde von Ertebölle-Ellerbek-Leuten zeigen, dass die Männer dieser Kultur eine Durchschnittsgröße von etwa 1,70 Meter und die Frauen von etwa 1,55 Meter erreichten.

Die Ertebölle-Ellerbek-Leute wohnten in wenige Meter großen Hütten. Manchmal bildeten mehrere solcher Behausungen kleine Dörfer. Die Siedlungen lagen an der Ostseeküste und im Binnenland. Als Baumaterial für die Hütten dienten vermutlich Baumstämme für das Gerüst und Schilf für das Dach.
Am Limfjord stieß man auf die Siedlungsspuren des namengebenden dänischen Fundortes Ertebölle. Dabei handelt es sich um einen 140 Meter langen, 30 bis 40 Meter breiten und bis zu 1,50 Meter hohen aus Muschel- und Schneckenschalen bestehenden Haufen, der von 1893 bis 1897 bei Ausgrabungen des „Nationalmuseums Kopenhagen“ untersucht wurde. Weitere Untersuchungen erfolgten von 1979 bis 1984. Der Muschelhaufen enthielt neben unzähligen Speiseresten reiche Hinterlassenschaften der Ertebölle-Ellerbek-Kultur. Solche Küchenabfallhaufen (dänisch: Kjokkenmoddinger) waren innerhalb der Ertebölle-Ellerbek-Kultur eine Sondererscheinung an den Küsten Jütlands und Seelands. Die ersten Kjokkenmoddinger wurden 1849 durch den dänischen Archäologen Jens Jacob Asmussen Worsae (1821–1885) beschrieben. Eine eigene Muschelhaufen-Kultur – wie man früher annahm – gab es jedoch nicht. An der schleswig-holsteinischen Ostseeküste konnte man keine derartigen Muschelhaufen nachweisen.
Der namengebende deutsche Fundort Ellerbek an der Kieler Förde, der heute vom Wasser der Ostsee bedeckt ist, befand sich einst im küstennahen Binnenland. Auf ihn wurde man bei Baggerungen von 1876 bis 1903 für die Reichskriegsmarine aufmerksam, als urtümliche Tongefäße sowie Geräte aus Knochen und Geweih zum Vorschein kamen.
Im küstennahen Binnenland wurde in Marienbad bei Neustadt in Holstein in der Nähe eines Binnensees eine Siedlung angelegt.

Archäologe Jens Jacob Asmussen Worsae (1821–1885).
Zeichnung aus Edward Skill (1831–1873):
„Svenska Familj-Journalen“ (1885)

Die ersten Siedlungsspuren entdeckte 1889 der Sanitätsrat Ernst Brüchmann (1840–1911), der in Neustadt als Arzt wirkte und 1908 das Kreismuseum in Neustadt gründete.
Besonders viele Siedlungen kennt man von der heutigen Ostseeinsel Rügen, die in der Jungsteinzeit noch ein Teil des Festlandes war. Dort konnte man bisher 15 Siedlungen feststellen, die an der damaligen Ostseeküste lagen. Zu den bekanntesten dieser Fundorte auf Rügen zählen Lietzow und Ralswiek.
Schon 1827 entdeckte der Fabrikant und Heimatforscher Friedrich von Hagenow (1797–1865) aus Greifswald am Nordausgang von Lietzow eine Feuerstein-Schlagwerkstätte. 1867 und 1886 trug der damals in Berlin tätige Pathologe Rudolf Virchow (1821–1902) an derselben Fundstelle verschiedene Steinartefakte zusammen. Um 1897 barg der Studienrat Alfred Haas (1860–1950), der aus Bergen auf Rügen stammte und später in Stettin wirkte, in einer Kiesgrube der Halbinsel „Spitzer Ort“ zahlreiche Feuersteinwerkzeuge. Ihm waren Artefakte in einem Kieshaufen am Bahnhof Lietzow neben dem Bahngleis aufgefallen. Bei seinen Nachforschungen zeigte sich, dass der Kieshaufen aus der Kiesgrube vom „Spitzen Ort“ stammte. Um 1920 fand er Förster Wilhelm Wiese (1871–1959) aus Augustenhof bei Ralswiek an der Südseite des Großen Jasmunder Beckens Hirschgeweih- und Steinwerkzeuge. 1922/1923 nahmen die Prähistoriker Franz Klinghardt (1882–1956) und Wilhelm Petsch (1892-–1938) die erste wissenschaftliche Grabung in Lietzow vor.
Ein wichtiger Fundplatz der Erteбölle-Ellerbek-Kultur ist „Timmendorf-Nordmole“ an der Westküste der Ostseeinsel Poel unweit des Timmendorfer Hafens. Dieser „Poel 12, Ostsee II, Timmendorf-Nordmole“ genannte Fundort wurde im Juni

Fabrikant und Heimatforscher
Friedrich von Hagenow (1797–1865) aus Greifswald.
Bild: Gemälde eines unbekannten Künstlers

1999 bei einer Ausfahrt mit dem Kutter „Seefuchs“ entdeckt. In etwa 2,50 bis 3,50 Meter Wassertiefe barg man Aalstechersprossen, Reste von Fischzäunen, Geweihharpunen, Paddel, Fragmente eines Einbaumes, Knochen von Fischen (vor allem von Aal und Dorsch), Meeressäugetieren, Seevögeln, Landsäugetieren (Rothirsch, Reh, Wildschwein), verzierte Randscherben, Beile, Klingen und Pfeilspitzen (Querschneider). Anscheinend war für die ehemaligen Bewohner dieser Siedlung der Fang von Fischen und Meeressäugetieren in der Ostsee wichtig.

Auf eine weitere bedeutende Fundstelle der Ertebölle-Ellerbek-Kultur unter Wasser stieß man im Oktober 1999 bei einer Ausfahrt mit dem Forschungsschiff „Albrecht Penck“ etwa 1,5 Seemeilen nördlich der Ostseeinsel Poel. In etwa 7 Meter Wassertiefe entdeckte man bis zu einem Meter lange Reste von Holzpfählen, die vermutlich von einem ehemaligen Fischzaun stammten, Knochen, Geweihreste, Flintartefakte (Abschläge, Klingen) und ein geglühtes Fragment einer Pfeilspitze (Querschneider)

Im Leben der Ertebölle-Ellerbek-Leute spielten die Jagd, der Fischfang sowie das Sammeln von essbaren Pflanzen und Kleintieren – im Gegensatz zu den zeitgleichen frühen Bauernkulturen – noch eine große Rolle. Die Jagd und der Fischfang waren vermutlich Sache der Männer, während das Sammeln von essbaren Pflanzen und Kleintieren wahrscheinlich von den Frauen und Mädchen besorgt wurde. In der Ostsee fing man Seefische wie Dorsch und Plattfisch, aus anderen Gewässern auch Barsch und Hecht. Aus Jütland in Dänemark kennt man Jagdbeutereste von auf dem Festland vorkommenden Wildtieren wie Rothirsch, Wildrind, Reh und Wildschwein. Begleiter bei der Jagd dürften Hunde gewesen

Fischfang mit Einbaum und Aalstecher zur Zeit der Ertebölle-Ellerbek-Kultur. Zeichnung: Fritz Wendler (1941–1995) für das Buch „Deutschland in der Steinzeit" (1991) von Ernst Probst

sein. Auch Meeressäugetiere wie Robbe, Seehund und Tümmler (Wale) sind erlegt worden.

Bei Grabungen unter Wasser kamen zahlreiche Geräte für den Fischfang zum Vorschein. Man barg Angelhaken, Aalstecher (Fischspeere), Netze, Netzsenker, Netzschwimmer, Reusen sowie Reste von Fischzäunen, Booten und Paddeln. Mit einem Aalstecher konnte man Fische vor allem während ihrer Winterstarre im Schlamm der Binnenseen aufspießen. Beim Stoß mit diesem Gerät geriet die Beute zwischen zwei federnde Zinken aus Holz. Sie wurde von diesen eingeklemmt und auf den dazwischen liegenden Dorn gespießt. Am dänischen Fundort Tybrind Vig auf Fünen hat man aus Knochen geschnitzte Angelhaken gefunden.

An einigen Fundorten der Ertebölle-Ellerbek-Kultur gelang die Entdeckung von steinernen Pfeilspitzen oder hölzernen Bogen. Je ein Bogen kam an den dänischen Fundstellen Ringkloster und Tybrind Vig zum Vorschein. Der Bogen aus Tybrind Vig besteht aus Ulmenholz und ist etwa 1,60 Meter lang. Am südschwedischen Fundort Ageröd II wurden drei Bögen gefunden: ein ca. 1,70 Meter langer Flachbogen aus Ulmenholz, ein 61,7 Zentimeter langes Bogenfragment aus Eberesche (Vogelbeerbaum) und ein Stabbogen, der vielleicht einem Jugendlichen gehörte. Stabbogen gelten als weniger effizient.

Der Ackerbau war für die Menschen der Ertebölle-Ellerbek-Kultur noch nicht so wichtig wie beispielsweise für die zeitgleichen stichbandkeramischen und Rössener Bauern in südlicheren Gebieten Deutschlands. Man nimmt an, dass sie Getreide nur auf kleinen Ackerbeeten oder in einer Art von Hausgarten aussäten und ernteten. Manche Prähistoriker vermuten, diese Hausgärten seien von Frauen mit Hilfe von Holzspaten bestellt worden.

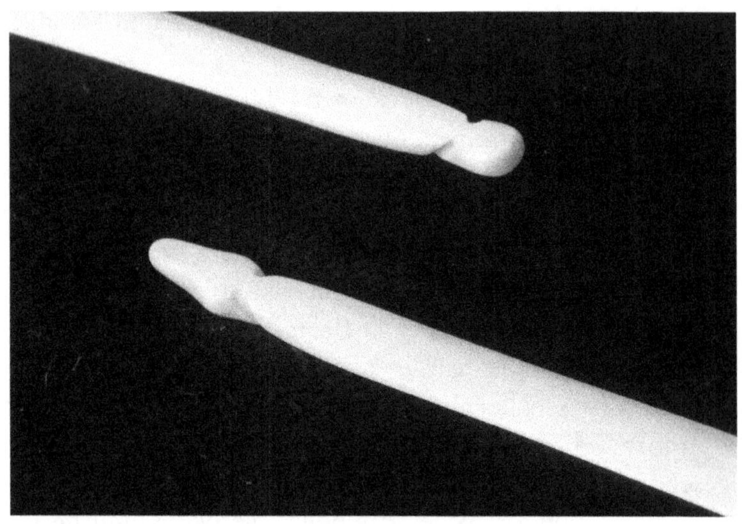

Enden eines nachgebauten Bogens im Tybrind-Vig-Stil.
Foto: XLRAY / CC-BY3.0 (via Wikimedia Commons), lizensiert unter Creative-Commons-Lizenz by-3.0-en, https://creativecommons.org/licenses/by/3.0/legalcode

Als erste Ansätze von Viehzucht deutet man Knochenfunde von Haustieren an mehreren Fundorten der Ertebölle-Ellerbek-Kultur, die zumeist vom Rind stammen. Vermutlich hat man in unmittelbarer Nähe der Behausung einige Rinder als Fleischlieferanten gehalten. Diese ersten Elemente der Bauernsteinzeit sind allerdings nur auf dem schleswig-holsteinischen Fundplatz Rosenhof bei Dahme (Kreis Ostholstein) am einstigen Ostseeufer nachweisbar. Die Deutung der Funde ist jedoch noch umstritten.

Als Nahrungsmittel dienten vor allem Wildbret, Fische sowie gesammelte Haselnüsse, Beeren und Kräuter. Getreidekörner und geschlachtete Haustiere waren lediglich eine zusätzliche Nahrung. Auf Jütland und Seeland wurden, wie die Abfälle zeigen, Austern und Muscheln als Speise geschätzt. Die an der schleswig-holsteinischen Ostseeküste lebenden Menschen mussten auf solche Leckerbissen verzichten, weil dort Austern und bestimmte Muschelarten infolge des geringen Salzgehaltes schlechte Lebensbedingungen vorfanden.

Das Saatgut und die Haustiere sind wahrscheinlich durch Tauschgeschäfte mit Angehörigen der Rössener Kultur in die Hände der Ertebölle-Ellerbek-Leute gelangt, die dafür Naturalien als Gegengabe boten. Der Kontakt mit den südlicheren Zeitgenossen wird durch Funde von Boberg bei Hamburg belegt, wo Tongefäße der Stichbandkeramischen Kultur und der Rössener Kultur zusammen mit solchen der Ertebölle-Ellerbek-Kultur angetroffen wurden. Vielleicht hat man in diesen importierten Tongefäßen gewisse Tauschwaren – beispielsweise Saatgut – transportiert.

Auf dem Wasser bewegten sich die Ertebölle-Ellerbek-Leute mit großen Einbäumen, die einer ganzen Familie Platz boten. Damit konnte man zum Fischfang fahren, aber auch schwere

oder sperrige Güter und Menschen befördern. Einbäume und Paddel der Erteböllе-Ellerbek-Kultur kennt man aus Dänemark und Deutschland.
Ein 6 Meter langer und maximal 60 Zentimeter breiter Einbaum ließ sich von drei Erwachsenen mit Hilfe von Feuersteinbeilen innerhalb von elf Tagen herstellen, wenn sie täglich acht Stunden daran arbeiteten. Dies ergab der Bau eines solchen Wasserfahrzeuges durch die Archäologen Marco Adameck aus Pinneberg sowie Marquardt Kund und Kai Martens aus Hamburg. In diesem Gefährt konnten drei Paddler eine durchschnittliche Reisegeschwindigkeit von 3,5 Stundenkilometern erreichen.
Fahrversuche mit dem Einbaum ergaben, dass in ihm auf einem ruhigen Gewässer bis zu fünf erwachsene Menschen paddeln konnten. Auch wenn er nur von einer Person besetzt war, konnte der Einbaum nahezu auf der Stelle gewendet werden. Der dicke und schwere Boden verhinderte das Kentern. Selbst bei der einseitigen Belastung einer Bordwand durch zwei Personen kippte der Einbaum weder um, noch schlug Wasser hinein. Die größte Gefahr bildeten kurze, in den Einbaum hineinschlagende Wellen, wie sie auf den größeren Ostholsteiner Seen ab Windstärke 4 bis 5 auftreten. Bei ruhigem Wetter lässt sich sogar die Ostsee damit befahren.
In Tybrind Vig, 13 Kilometer südöstlich von Middelfart auf Fünen (Dänemark) wurden drei Einbäume aus Lindenholz und herzförmige Ruderblätter von Paddeln entdeckt. Der erste Einbaum von Tybrind Vig wurde 1979 bei Ausgrabungen des dänischen Prähistorikers Soren H. Andersen vom „Institut für Vorgeschichte der „Universität zu Arhus“ entdeckt. Dieser Fund namens „Tybrind Boot 1“ ist ein weitgehend erhaltener, etwa 9,50 Meter langer und 0,65 Meter breiter Einbaum mit 3 Zentimeter dicken Wänden. Darin konnten ungefähr sechs bis

acht Personen sitzen. Als „Tybrind Boot 2“ bezeichnet man das später geborgene, 3,20 Meter lange Heckbruchstück eines Einbaumes und als „Tybrind Boot 3“ einen 5,20 Meter langen Einbaum.

Die Einbäume von Tybrind Vig wurden mit Paddeln fortbewegt, von denen etliche Exemplare zum Vorschein kamen. Diese Paddel hatte man aus Eschenholz geschnitzt. Sie bestehen aus einem einzigen Stück, haben ein kurzes herzförmiges Ruderblatt und einen Schaft von mehr als einem Meter Länge. Zwei der größeren Paddel waren auf dem Ruderblatt verziert. Das Muster wurde in die Oberfläche des Holzes eingeschnitten und mit einem bräunlichen Material gefüllt.

Über den blamablen Verlust von drei jungsteinzeitlichen Einbäumen, die 2002 bei Bauarbeiten am Ufer des Strelasundes in Stralsund in etwa vier Meter Tiefe entdeckt worden waren, berichteten 2009 viele deutsche Medien. Zwei dieser Einbäume mit Bordwänden aus daumendickem Lindenholz waren rund 7.000 Jahre alt und stammten aus der Zeit der Ertebölle-Ellerbek-Kultur. Ein weiterer Einbaum hatte ein Alter von ungefähr 6.000 Jahren und erreichte eine Länge von etwa zwölf Metern. Laut „Archäologie Online“ hat man die fragilen Einbäume nicht mit üblichen Konservierungsmaßnahmen behandelt. Man stellte sie beim Landesamt für Denkmalpflege in Schwerin in einem baufälligen Lagergebäude ab, das 2004 teilweise einstürzte und die damals bereits größtenteils zerfallenen Wasserfahrzeuge unter sich begrub. Das „Kulturhistorische Museum“ in Stralsund erhielt bei wiederholten Anfragen über den Zustand der Einbäume ausweichende Antworten. Angeblich hofften die Schweriner Denkmalschützer, dank der Hilfe von Studenten der „Fachhochschule für Technik und Wirtschaft Berlin“ die „kläglichen“ Überreste

Jungsteinzeitliche Einbäume 2002 in Stralsund.
Foto: Pressestelle Stalsund / CC-BY-SA3.0
(via Wikimedia Commons),

noch retten zu können. Erst als der Welterberat der Hansestadt Stralsund im März 2009 das Landesamt für Bodendenkmalpflege um die Einbäume als Dauerleihgabe für eine Ausstellung nahe des „Deutschen Meeresmuseums“ bat, gaben die Schwener Denkmalschützer den bedauerlichen Totalverlust zu.
2005 fand man bei der Rettungsgrabung wegen des Neubaus eines Hochwasserschutz-Deiches in der Gemarkung Baabe im Südosten der Ostseeinsel Rügen die Reste von drei Paddeln, von einem Einbaum aus Lindenholz und von einer Reuse sowie Aalstecher, Speere, angespitzte und gekerbte Rundhölzer und Bernstein. Bei einem der Paddelreste handelte es sich um ein 23 Zentimeter langes und breites Ruderblatt aus Eichenholz, dessen Stiel abgebrochen ist.
Womit sich die Ertebölle-Ellerbek-Leute gerne schmückten, verraten die Funde von dem erwähnten kleinen Gräberfeld Stroby Egede in Dänemark. So barg man hinter dem Schädel einer 18jährigen Frau eine Knochennadel, mit der vermutlich die Frisur aufgesteckt wurde. In der Beckenregion derselben Frau fand man Perlen aus Hirschzähnen, die vielleicht auf den Rock aufgenäht waren oder von einer Kette stammten. Auch bei einem neun- bis zehnjährigen Kind konnte man Perlen aus Hirschzähnen am Becken nachweisen.
Sogar neugeborene Kinder wurden mit Schmuck ins Grab gelegt. Beim Schädel eines Neugeborenen in Stroby Egede fand man eine aus dem Zahn eines Wildschweines geschnitzte Perle und Reste eines Rehhufes, der womöglich ebenfalls als schmückendes Element gedacht war. Ein weiteres Neugeborenes trug am Schädel einen durchlochten Schneidezahn von einem Wildschwein sowie einige Perlen aus Hirschzähnen. Vielleicht hat dieser Schmuck eine Mütze oder Haube verschönert.

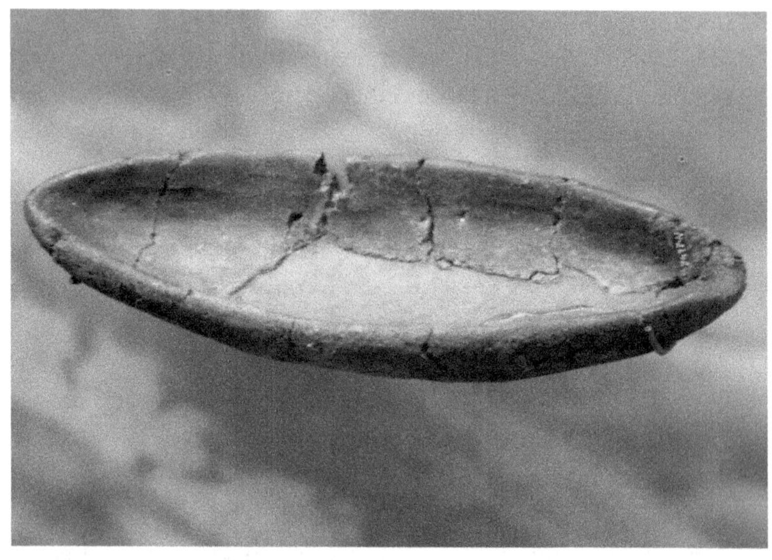

Tonlampe der Ertebölle-Ellerbek-Kultur
im „Archäologischen Landesmuseum Schleswig-Holstein“,
Schloss Gottorf.
Foto: Einsamer Schütze / CC-BY-SA3.0
(via Wikimedia Commons),
lizensiert unter Creative-Commons-Lizenz by-sa-3.0-en,
https://creativecommons.org/licenses/by-sa/3.0/legalcode

Reich mit Tierzähnen geschmückt waren zwei Frauen, die man einen halben Kilometer südwestlich von Schloss Dragsholm im Norden von Seeland (Dänemark) bestattet hatte. Eine etwa 40 bis 50 Jahre alte Frau in Rückenlage trug eine Halskette mit Eckzähnen vom Wildschwein. Auf ihrer linken Bauchseite, um ihre Hüften und über ihrem Gesäß befanden sich 75 obere Eckzähne von Hirschen (Hirschgrandeln). Rechts neben der älteren Frau und ihr zugewandt ruhte eine 18-Jährige in Schlafstellung. Über dem Rücken der Jüngeren lag eine Reihe von rund 50 Hirschgrandeln, die vermutlich auf die Kleidung genäht war. Dazwischen sind auch einige Zähne von Auerochsen und Elchen gewesen, die damals nicht in Seeland vorkamen. Am Kopfende der jungen Frau befanden sich eine Ahle und eine Pfeilspitze (Querschneider), im Gürtelbereich ein in Bohrtechnik verziertes Messer. Über und unter den beiden Frauen sowie vor allem im Kopfbereich hatte man rötlichen Ocker verstreut.

Kunstwerke aus der Ertebölle-Ellerbek-Kultur gelten bisher als Seltenheiten. Eines dieser raren Stücke ist ein Hirschgeweihbeil, das senkrecht neben dem Schädel eines in Stroby Egede bestatteten, etwa 30jährigen Mannes steckte und Stichornamente aufwies.

Die dickwandigen (bis zu 15 Millimeter) und spitzbödigen Tongefäße der Ertebölle-Ellerbek-Kultur gelten als die älteste Keramik im nördlichen Niedersachsen, in Schleswig-Holstein, in Mecklenburg und in Dänemark. Diese Gefäße wurden aus Tonwülsten aufgebaut, die man innen und außen glatt strich. Die auffällige Spitze am Boden setzte man abschließend an oder drückte sie von innen heraus. Derartige Tongefäße mit spitzem Boden konnte man gut zwischen zwei Steine über ein Feuer stellen. Die Spitze sorgte dabei für sicheren Halt. Die

Rundbodiges Tongefäß der Ertebölle-Ellerbek-Kultur vom Fundort Rüder-Moor in Schleswig-Holstein. Foto aus Carl Schuchhardt (1859–1943): „Deutsche Vor- und Frühgeschichte in Bildern“ (1936)

spitzbödigen Tongefäße werden als Kruken bezeichnet. Zu den ältesten Tongefäßen der Ertebölle-Ellerbek-Kultur gehören – nach Altersdatierungen zu schließen – spitzbodige Gefäße aus Schlamersdorf (Kreis Segeberg) in Schleswig-Holstein. Eines davon ist am Rand mit Fingernagel-Eindrücken verziert.

Zum Geräteinventar der Ertebölle-Ellerbek-Kultur gehörten weiterhin die schon in der Mittelsteinzeit im Norden üblichen Scheibenbeile und Kernbeile, wobei erstere überwogen. Außerdem fand man Scheibenmeißel und zahlreiche Sägen aus Feuerstein. Daneben gab es auch Geräte aus Knochen und Geweih wie beispielsweise Hirschgeweihäxte mit Tülle um das Schlaftloch.

Auch bei den Waffen entwickelte man neue Formen. So kamen kleine Pfeilspitzen und Harpunenzähne, die in der Mittelsteinzeit typisch waren, außer Mode. Dagegen wurden die klaffende Wunden verursachenden querschneidigen Pfeilbewehrungen (Querschneider) weiter verwendet. Sie und seltene Bogenfunde belegen den Gebrauch von Pfeil und Bogen als Jagd- und Kampfwaffe. Außerdem hat man große Harpunenspitzen aus Geweih geschnitzt und damit Holzschäfte bewehrt.

Die Ertebölle-Ellerbek-Leute haben ihre Toten fürsorglich zur letzten Ruhe gebettet und mit Grabbeigaben versehen. So wurden die Bestattungen vom erwähnten Fundort Groß Fredenwalde mit Rötel überhäuft und mit Feuersteinklingen ausgestattet. Auch der damals offenbar recht beliebte Schmuck aus Zahnperlen fehlte nicht.

Am dänischen Fundort Tybrind Vig auf Fünen befanden sich unmittelbar am Wohnplatz einige Gräber. In einem Grab befand sich die Doppelbestattung eines 13 bis 14 Jahre alten Mädchens und eines drei Monate alten Kindes. Außerdem barg man Knochen von zwei weiteren Personen, von denen einer ein

Bild auf Seite 29:

Grab der Erteböllе-Ellerbek-Kultur im Muschelhaufen am dänischen Fundort Aamölle (Aa Mollle). Zeichnung aus Carl Schuchhardt (1859–1943): „Deutsche Vor- und Frühgeschichte in Bildern" (1936)

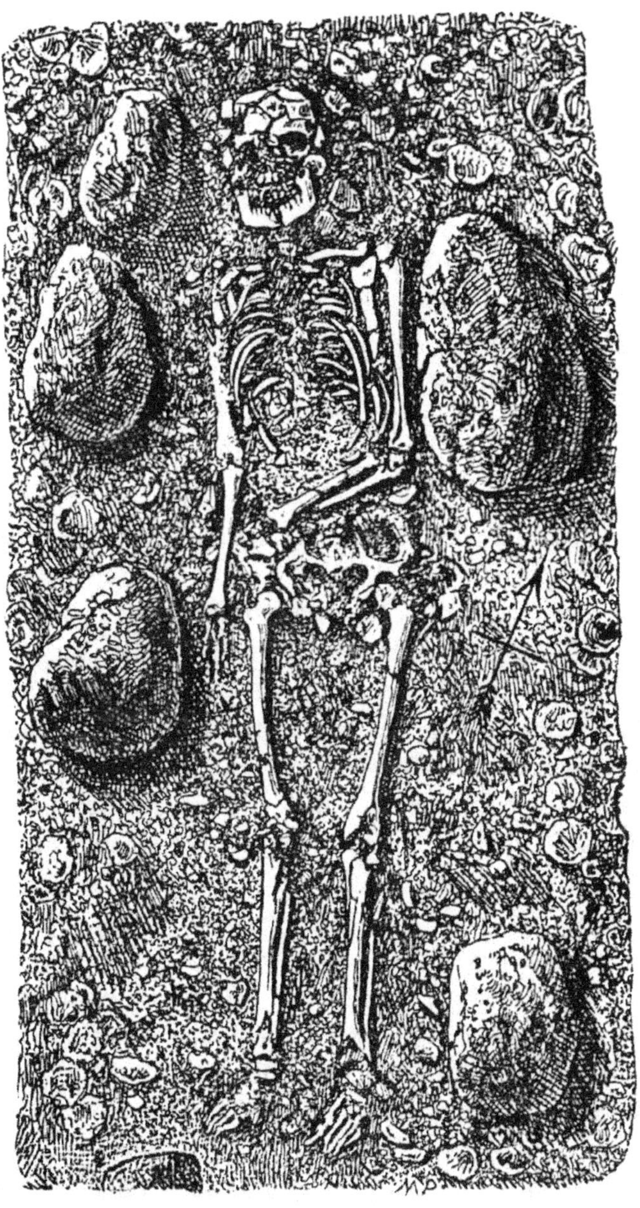

Mann mit verheilten Verletzungen sein könnte. Tybrind Vig gilt als erster Fundort ein Dänemark, der bei einer Ausgrabung unter Wasser untersucht wurde. Die Unterwasserausgrabung fand zwischen 1977 und 1987 statt.

In einem Kollektivgrab von Stroby Egede auf der dänischen Insel Seeland lagen die Frauen auf der südlichen Seite, die Männer auf der nördlichen Seite. Die mit ins Grab gelegten Geräte aus Stein oder Geweih lassen darauf schließen, dass man an das Weiterleben im Jenseits glaubte. Die Entdeckungsgeschichte des Gräberfeldes von Stroby Egede begann im Sommer 1980. Damals stieß die Eigentümerin eines Karpfenteiches bei dessen Erweiterung auf Menschenknochen. Sie meldete dies dem lokalen „Koge Museum". Kurz darauf begann der Kopenhagener Prähistoriker Erik Brinch Petersen mit Ausgrabungen, bei denen Skelettreste von insgesamt acht Menschen geborgen wurden. Bei den Bestatteten handelte es sich um drei Neugeborene, einen fünf- bis sechsjährigen Jungen, ein neunjähriges Mädchen, eine etwa 18jährige Frau, einen 30jährigen Mann und eine 50jährige Frau. Petersen erfuhr, dass bereits früher einige Meter von dieser Fundstelle entfernt Skelettteile zum Vorschein gekommen waren. Beim Ausheben des Fundaments für eines der Nachbarhäuser sollen sogar mehrere Gräber mit gut erhaltenen Skelettresten gefunden worden sein, ohne dass dies dem lokalen Museum mitgeteilt wurde.

Im Gräberfeld Skateholm II in Schweden wurde ein rätselhafter, bis dahin von keiner Fundstelle aus dieser Zeit bekannter Kultplatz entdeckt. Dabei handelt es sich um eine rechteckige Fläche von 4 mal 4 Metern, deren Seiten durch einen Gürtel von ockerfarbenem Sand begrenzt worden sind. Die Innenfläche wurde von einer Mischung aus Ruß und Sand bedeckt. In der westlichen Hälfte der Innenfläche lag eine trapezförmige dünne

Ockerschicht unter der Ruß-Sand-Mischung. Pfostenlöcher deuten darauf hin, dass der Kultplatz überdacht gewesen sein könnte. Im äußeren Gürtel aus ockerfarbenem Sand fand man Feuerstein und Knochen. Der Kultplatz im Gräberfeld Skateholm II wurde durch den schwedischen Prähistoriker Lars Larsson aus Lund entdeckt und 1988 beschrieben.

Mit der Religion der Ertebölle-Ellerbek-Leute waren auch Menschenopfer und rituell motivierter Kannibalismus verbunden. Einen sicheren Hinweis hierfür lieferte ein Fund aus Dyrholmen, etwa 15 Kilometer südöstlich von Randers in Jütland (Dänemark) entfernt. An dort entdeckten Skeletttteilen eines Menschen konnte man zahlreiche Schnittspuren beobachten, die vom Entfernen des Fleisches mit Hilfe von Feuersteinmessern herrühren. Außerdem waren Röhrenknochen zertrümmert worden, damit man das Mark entnehmen und verzehren konnte. Dabei soll es sich um den einzigen Beleg für Kannibalismus aus dieser Zeit in Skandinavien handeln.

Als weiterer Beleg für eine kultische Handlung, bei der ein Mensch geopfert und verspeist wurde, gelten zwei Stücke vom zerschlagenen Schädel eines Erwachsenen von der Insel Rothenberg im Malchiner See bei Basedow (Kreis Mecklenburgische Seenplatte) in Mecklenburg. Sie sind aber unsicher datiert und könnten statt der Ertebölle-Ellerbek-Kultur auch der nachfolgenden Trichterbecher-Kultur (etwa 4.300–3.000 v. Chr.) angehören. An beiden Schädeldachstücken kann man auf der Außenseite parallel verlaufende Schnittspuren erkennen, die darauf hindeuten, dass die Kopfhaut streifen-weise abgetrennt wurde. Diese Prozedur ist vor der Zertrüm-merung des Schädels erfolgt, da durchgehende Schnittlinien auf beiden Teilen sichtbar sind.

Autor Ernst Probst.
Foto: Klaus Benz, Fotograf, Mainz-Laubenheim

Der Autor

Ernst Probst, geboren am 20. Januar 1946 in Neunburg vorm Wald im bayerischen Regierungsbezirk Oberpfalz, ist Journalist und Wissenschaftsautor. Er arbeitete von 1968 bis 1971 als Journalist bei den „Nürnberger Nachrichten", von 1971 bis 1973 in der Zentralredaktion des „Ring Nordbayerischer Tageszeitungen" in Bayreuth und von 1973 bis 2001 bei der „Allgemeinen Zeitung", Mainz. In seiner Freizeit schrieb er Artikel für die „Frankfurter Allgemeine Zeitung", „Süddeutsche Zeitung", „Die Welt", „Frankfurter Rundschau", „Neue Zürcher Zeitung", „Tages-Anzeiger", Zürich, „Salzburger Nachrichten", „Die Zeit", „Rheinischer Merkur", „Deutsches Allgemeines Sonntagsblatt", „bild der wissenschaft", „kosmos", „Deutsche Presse-Agentur" (dpa), „Associated Press" (AP) und den „Deutschen Forschungsdienst" (df). Aus seiner Feder stammen die Bücher „Deutschland in der Urzeit" (1986), „Deutschland in der Steinzeit" (1991), „Rekorde der Urzeit" (1992), „Dinosaurier in Deutschland" (1993 zusammen mit Raymund Windolf) und „Deutschland in der Bronzezeit" (1996). Von 2001 bis 2006 betätigte sich Ernst Probst als Buchverleger sowie zeitweise als internationaler Fossilienhändler und Antiquitätenhändler. Insgesamt veröffentlichte er mehr als 300 Bücher, Taschenbücher, Broschüren und über 300 E-Books.

Bücher von Ernst Probst

(Auswahl)

Als Mainz im Meer lag
Als Mainz noch nicht am Rhein lag
Das Mammut- Mit Zeichnungen von Shuhei Tamura
Der Europäische Jaguar
Der Mosbacher Löwe. Die riesige Raubkatze aus Wiesbaden
Der Rhein-Elefant. Das Schreckenstier von Eppelsheim
Der Ur-Rhein. Rheinhessen vor zehn Millionen Jahren
Deutschland im Eiszeitalter
Deutschland in der Frühbronzezeit
Deutschland in der Mittelbronzezeit
Deutschland in der Spätbronzezeit
Die Aunjetitzer Kultur in Deutschland
Die Straubinger Kultur in Deutschland
Die Singener Gruppe
Die Arbon-Kultur in Deutschland
Die Ries-Gruppe und die Neckar-Gruppe
Die Adlerberg-Kultur
Der Sögel-Wohlde-Kreis
Die nordische Bronzezeit in Deutschland
Die Hügelgräber-Kultur in Deutschland
Die ältere Bronzezeit in Nordrhein-Westfalen
Die Bronzezeit in der Lüneburger Heide
Die Stader Gruppe
Die Oldenburg-emsländische Gruppe
Die Urnenfelder-Kultur in Deutschland

Die ältere Niederrheinische Grabhügel-Kultur
Die Unstrut-Gruppe
Die Helmsdorfer Gruppe
Die Saalemündungs-Gruppe
Die Lausitzer Kultur in Deutschland
Die Dolchzahnkatze Megantereon
Die Dolchzahnkatze Smilodon
Die Säbelzahnkatze Homotherium
Die Säbelzahnkatze Machairodus
Die Schweiz in der Frühbronzezeit
Die Rhône-Kultur in der Westschweiz
Die Arbon-Kultur in der Schweiz
Die Schweiz in der Mittelbronzezeit
Die Schweiz in der Spätbronzezeit
Dinosaurier von A bis K. Von Abelisaurus bis zu Kritosaurus
Dinosaurier von L bis Z. Von Labocania bis zu Zupaysaurus
Der rätselhafte Spinosaurus. Leben und Werk des Forschers Ernst Stromer von Reichenbach
Eiszeitliche Geparde in Deutschland
Eiszeitliche Leoparden in Deutschland
Höhlenlöwen. Raubkatzen im Eiszeitalter
Hermann von Meyer. Der große Naturforscher aus Frankfurt am Main
Johann Jakob Kaup. Der große Naturforscher aus Darmstadt
Krallentiere am Ur-Rhein
Neues vom Ur-Rhein. Interview mit dem Geologen und Paläontologen Dr. Jens Sommer
Österreich in der Frühbronzezeit

Österreich in der Mittelbronzezeit
Österreich in der Spätbronzezeit
Raub-Dinosaurier von A bis Z. Mit Zeichnungen von Dmitry Bogdanav und Nobu Tamura
Rekorde der Urmenschen. Erfindungen, Kunst und Religion
Rekorde der Urzeit. Landschaften, Pflanzen und Tiere
Säbelzahnkatzen. Von Machairodus bis zu Smilodon
Säbelzahntiger am Ur-Rhein. Machairodus und Paramachairodus
Was ist ein Menhir? Interview mit dem Mainzer Archäologen Dr. Detert Zylmann
Wer ist der kleinste Dinosaurier? Interviews mit dem Wissenschaftsautor Ernst Probst
Wer war der Stammvater der Insekten? Interview mit dem Stuttgarter Biologen und Paläontologen Dr. Günther Bechly
6000 Jahre Kastel. Von der Steinzeit bis zum 21. Jahrhundert
5000 Jahre Kostheim. Von der Steinzeit bis zum 21. Jahrhundert
Kastel in der Vorzeit. Von der Jungsteinzeit bis Christi Geburt
Kostheim in der Vorzeit. Von der Jungsteinzeit bis Christi Geburt
Wiesbaden in der SteinzeitAnno 1.000.000. Deutschland in der älteren Altsteinzeit
Das Protoacheuléen. Eine Kulturstufe der Altsteinzeit vor etwa 1,2 Millionen bis 600.000 Jahren
Das Altacheuléen. Eine Kulturstufe der Altsteinzeit vor etwa 600.000 bis 350.000 Jahren
Das Jungacheuléen. Eine Kulturstufe der Altsteinzeit vor etwa

350.000 bis 150.000 Jahren
Das Spätacheuléen. Eine Kulturstufe der Altsteinzeit vor etwa 150.000 bis 100.000 Jahren
Die Lanze von Lehringen. Ein Jahrhundertfund aus der Altsteinzeit
Das Moustérien – Die große Zeit der Neanderthaler
Das Aurignacien. Eine Kulturstufe der Altsteinzeit vor etwa 40.000 bis 31.000 Jahren
Das Gravettien. Eine Kulturstufe der Altsteinzeit vor etwa 35.000 bis 24.000 Jahren
Das Magdalénien. Die Blütezeit der Rentierjäger vor etwa 18.000 bis 14.000 Jahren
Die Hamburger Kultur. Eine Kulturstufe der Altsteinzeit vor etwa 15.700 bis 14.200 Jahren
Die Federmesser-Gruppen. Eine Kulturstufe der Altsteinzeit vor etwa 14.000 bis 12.800 Jahren
Das Steinzeit-Grab von Bonn-Oberkassel. Ein rätselhafter Fund aus der Zeit der Federmesser-Gruppen
Die Ahrensburger Kultur. Eine Kulturstufe der Altsteinzeit vor etwa 12.700 bis 11.650 Jahren
Die Altsteinzeit in Österreich., Jäger und Sammler vor 250.000 bis 10.000 Jahren
Das Jungacheuléen in Österreich
Das Moustérien in Österreich
Das Aurignacien in Österreich
Das Gravettien in Österreich
Das Magdalénien in Österreich
Das Magdalénien in der Schweiz
Die Mittelsteinzeit
Deutschland in der Mittelsteinzeit
Die Mittelsteinzeit in Baden-Württemberg
Die Mittelsteinzeit in Bayern

Kulturen der Jungsteinzeit vor etwa 3.900 bis 3.500 v. Chr.
Die Salzmünder Kultur. Eine Kultur der Jungsteinzeit vor etwa 3.700 bis 3.200 v. Chr.
Die Chamer Gruppe. Eine Kulturstufe der Jungsteinzeit vor etwa 3.500 bis 2.800 v. Chr.
Die Wartberg-Kultur. Eine Kultur der Jungsteinzeit vor etwa 3.500 bis 2.800 v. Chr.
Die Walternienburg-Bernburger Kultur. Eine Kultur der Jungsteinzeit vor etwa 3.200 bis 2.800 v. Chr.
Die Kugelamphoren-Kultur. Eine Kultur der Jungsteinzeit vor etwa 3.100 bis 2.700 v. Chr.
Die Schnurkeramischen Kulturen. Kulturen der Jungsteinzeit von etwa 2.800 bis 2.400 v. Chr.
Die Einzelgrab-Kultur. Eine Kultur der Jungsteinzeit vor etwa 2.800 bis 2.300 v. Chr.
Die Schönfelder Kultur. Eine Kultur der Jungsteinzeit vor etwa 2.800 bis 2.200 v. Chr.
Die Glockenbecher-Kultur. Eine Kultur der Jungsteinzeit vor etwa 2.500 bis 2.200 v. Chr.
Die ersten Bauern in Österreich. Die Linienbandkeramische Kultur vor etwa 5.500 bis 4.900 v. Chr.
Die Lengyel-Kultur in Österreich. Eine Kultur der Jungsteinzeit vor etwa 4.900 bis 4.400 v. Chr.
Die Mondsee-Gruppe. Eine Kulturstufe der Jungsteinzeit vor etwa 3.700 bis 2.900 v. Chr.
Die Badener Kultur in Österreich. Eine Kultur der Jungsteinzeit vor etwa 3.600 bis 2.900 v. Chr.
Die ersten Pfahlbauten in der Schweiz. Die Anfänge der Pfahlbauforschung und die Egolzwiler Kultur
Die Cortaillod-Kultur. Eine Kultur der Jungsteinzeit vor etwa 4.000 bis 3.500 v. Chr.

Die Pfyner Kultur in der Schweiz. Eine Kultur der Jungsteinzeit vor etwa 4.000 bis 3.500 v. Chr.
Die Horgener Kultur in der Schweiz. Eine Kultur der Jungsteinzeit vor etwa 3.500 bis 2.800 v. Chr.
Die Schnurkeramiker in der Schweiz. Eine Kultur der Jungsteinzeit vor etwa 2.800 bis 2.400 v. Chr.

www.ingramcontent.com/pod-product-compliance
Lightning Source LLC
Chambersburg PA
CBHW072305170526
45158CB00003BA/1199

* 9 7 8 1 0 7 4 5 4 9 2 5 1 *